目　次

前　言

本标准按照 GB/T 1.1—2009《标准化工作导则　第 1 部分：标准的结构和编写》给出的规则起草。

本标准由中国电力企业联合会提出并归口。

本标准主要起草单位：中广核工程有限公司、深圳中广核工程设计有限公司。

本标准参与起草单位：国家核电规划设计研究院、苏州热工研究院有限公司。

本标准主要起草人：吴超、柴保发、李艳萍、叶俊麒、周卫巍、万伟、方华松。

本标准在执行过程中的意见或建议反馈至中国电力企业联合会标准化管理中心（北京市白广路二条一号，100761）。

ICS 27.010
F 01
备案号：46503-2014

NB

中华人民共和国能源行业标准

NB / T 25041 — 2014

核电厂常规岛火灾自动报警系统功能安全技术要求

Functional safety requirements of automatic fire alarm system in conventional island of nuclear power plants

2014-06-29发布 2014-11-01实施

国家能源局 发布

核电厂常规岛火灾自动报警系统功能安全技术要求

1 范围

本标准规定了核电厂常规岛火灾自动报警系统从设计、安装调试到运行维护等阶段的技术要求，确立了变压器、发电机等重要设备火灾探测的一般原则，给出了常规岛相关消防设备的联动控制以及消防通信、火灾应急广播的通用要求。

本标准适用于压水堆核电厂常规岛的火灾自动报警系统。其他堆型可参照执行。

2 规范性引用文件

下列文件对于本文件的应用是必不可少的。凡是注日期的引用文件，仅注日期的版本适用于本文件。凡是不注日期的引用文件，其最新版本（包括所有的修改单）适用于本文件。

GB/T 4718 火灾报警设备专业术语
GB 16806 消防联动控制系统
GB 22134 火灾自动报警系统组件兼容性要求
GB 25201 建筑消防设施的维护管理
GB 50057 建筑物防雷设计规范
GB 50116 火灾自动报警系统设计规范
GB 50166 火灾自动报警系统施工及验收规范
GB 50343 建筑物电子信息系统防雷技术规范
GB 50745 核电厂常规岛设计防火规范
GA 503 建筑消防设施检测技术规程

3 术语和定义

下列术语和定义适用于本文件。

3.1

报警区域 alarm zone

将火灾自动报警系统的警戒范围按防火分区或楼层划分的单元。

3.2

探测区域 detection zone

按报警区域探测火灾的部位划分的单元。

3.3

火灾集中监控点 central fire alarm monitory point

根据核电厂的总体布置和厂房的功能按区域划分，由经授权的人员24h值班的集中监控火灾的场所。

3.4

火灾警报装置 fire alarm signaling device

与火灾报警控制器分开设置，火灾情况下能够发出声或（和）光等火灾警报信号的装置，又称声或（和）光警报器。

3.5

图形显示装置 graph indicator

安装在火灾集中监控点，用来模拟现场火灾探测器等部件在建筑平面中的布局，并能定位现场火灾、故障等状况的显示装置。

3.6

火灾报警控制器　fire alarm control unit/fire control and indicating equipment

火灾自动报警系统的核心设备，能够接收并发出火灾报警信号和故障信号，同时完成相应的显示和控制功能。

3.7

消防专用电话　fire telephone

用于火灾集中监控点（或消防控制室）与建筑物中各部位之间通话的电话系统。由消防电话总机、消防电话分机和传输介质等构成。

3.8

消防行动卡　fire-fighting action cards

用于指导火警响应并采取消防干预行动的程序。

3.9

性能化设计　performance-based design

一种以相对于设计目标的性能目标、工程分析和定量评价为基础，针对特定的建筑用途、火灾荷载和火灾场景，利用可接受的工程分析工具、方法和性能判据所进行的建筑防火工程设计方法。

4　总则

4.1　核电厂常规岛火灾自动报警系统应针对核电行业的特点做到安全适用、技术先进、经济合理，并便于核电厂消防管理，有利于减少和防止常规岛火灾危害，保护人员和设备安全。

4.2　本标准中涉及的核电厂常规岛的范围应符合 GB 50745 的相关规定。

4.3　核电厂常规岛火灾自动报警系统应是全厂火灾自动报警系统的一部分，但其本身应具有独立性。

4.4　核电厂常规岛火灾自动报警系统应保证在核电厂的全寿期内有效可用。

4.5　核电厂常规岛火灾自动报警系统在机组运行、维护和检修等期间应保证其系统正常运行。

5　系统功能要求

核电厂常规岛应设置具有下列功能的火灾自动报警系统：

a）应能以手动和自动方式触发火灾报警，并能通过消防专用电话人工报警。

b）应能通过安装在各探测区域的火灾探测器对建筑物或保护对象进行持续监视。

c）当火灾发生时，应能快速报警，确定火源的位置，并能监测火势的蔓延。

d）核岛主控室应设有火警集中监控点。此外，可根据核电厂运行和管理的实际需求设置其他火灾集中监控点。

一个火警集中监控点至少设一台集中报警控制器或一台图文显示装置，通常接一个或多个火灾报警控制器。

e）火灾报警的信息应在核电厂常规岛火灾报警控制器显示和报警，并及时送至核岛主控室及其他与核电厂常规岛相关的火警集中监控点。核电厂常规岛火灾自动报警系统可以与核岛火灾自动报警系统联网，或者在核岛主控室另设一套用于核电厂常规岛火灾自动报警系统的报警和显示装置。

f）在火灾情况下，能够发出声或（和）光的警报信号。在核电厂常规岛运行、维修期间，该警报声能从环境噪声中清晰、准确分辨，且与核电厂其他警报声音有明显区别。

g）应具有手动和自动联动功能，火灾发生时，能够对相关消防设备进行联动操作。

h）应能接收和显示相关联动设备动作后的状态反馈信号。

i） 应具备接入氢气和其他可燃气体报警信号的功能。

j） 应具备对系统自身设备进行周期性巡检，并在故障时给出报警信号的功能。

k） 核电厂常规岛应设消防专用电话，现场人员应能通过消防电话分机与核岛主控室或其他与核电厂常规岛相关的火灾集中监控点进行通话，报告火灾情况，并能接收相关的指令。

l） 核电厂常规岛应设火灾应急广播，火灾应急广播宜利用有线广播系统实现。

m） 火灾警报装置属于火灾自动报警系统设备，应有别于核电厂通信系统中的声警报系统。

6 设备要求

火灾自动报警系统设备应满足下列要求：

a） 有国家认证要求的火灾报警主设备应采用经国家消防产品质量监督检验机构检验合格并通过认证的定型产品。

b） 火灾报警设备命名应与 GB/T 4718 保持一致。

c） 火灾报警控制器、火灾显示盘、可燃气体报警控制器、火灾探测器、手动报警按钮、可燃气体探测器、火灾警报装置等组件连接后，其功能应分别满足相应国家标准。

d） 回路中一个探测器的失效不应影响回路上其他探测器的正常运行。

e） 火灾自动报警系统中的消防联动控制器与气体灭火控制器、消防电气控制装置、消防设备应急电源、火灾应急广播设备、消防电话、传输设备、图形显示装置、接口模块、消防电动装置、消火栓按钮等组件连接后，其功能应分别满足 GB 16806 的相关要求。

f） 常规岛火灾自动报警系统主要设备宜选择与对应机组核岛厂房相同品牌的产品；少量特殊探测装置可以选择不同品牌和系列的产品。不同品牌和系列的产品应用于同一系统时不应降低整个系统的可靠性，同时应满足 GB 22134 的相关要求。

g） 火灾报警设备应具有防雷和过电压保护的功能。

h） 用于特殊环境（如高温、高湿、强噪声、强电磁辐射、有爆炸风险的环境等）的探测设备，应采用符合相关国家标准要求的定型产品，并应有相关资质机构出具的鉴定报告。

i） 火灾探测、报警设备应易于检修、维护，并具有可扩展性。火灾报警设备的机柜、箱体内部应设有接地端子，并预留足够的空间和备用端子，以实现能够增加插件和进行电缆端接等扩展功能的实施。

j） 用于火灾报警设备的绝缘材料和塑料材料应为阻燃型。

k） 设备内部的电缆和导线宜为低烟、无卤阻燃型或低烟、无卤阻燃耐火型。

l） 无论安装在室内还是室外，火灾报警设备均应具有相应的防护性能，如防尘、防水、防腐蚀等。设备自身的防护性能应与所安装环境相适应。

m） 设备与外部的连接应有接线端子，并配有与连接电缆相适宜的锁紧装置。

n） 厂家或供应商提供的设备外接电缆或导线应采用低烟、无卤阻燃型或低烟、无卤阻燃耐火型，电缆和导线的截面应满足电气性能和机械强度的要求。

7 设计要求

7.1 火灾集中监控点

7.1.1 一般规定

7.1.1.1 火灾集中监控点应能监控其负责范围内的火灾报警设备状态。

7.1.1.2 火灾集中监控点应具有报警指示和联动控制功能，应能监视区域内接入火灾自动报警系统的相关设备，并显示其反馈信息。

7.1.1.3 火灾集中监控点消防通信应符合本标准 7.5 节的相关要求。

7.1.1.4 火灾集中监控点内火灾报警设备的布置应符合 GB 50116 中消防控制室内设备布置的要求。

7.1.2 核电厂常规岛火灾探测信息在主控室的显示和控制要求

7.1.2.1 显示要求应满足下列要求：

a） 核电厂常规岛的火灾报警和系统的故障信息应能在主控室显示，同时还应伴有声音报警。

b） 主控室应能监视常规岛每个探测器、手动报警按钮和监视模块等设备，应能准确显示火灾报警和故障信息，显示报警区域、报警发生位置和报警所在回路，并接收各联动设备的反馈信号。

7.1.2.2 控制系统应满足下列要求：

a） 火灾发生时，在主控室应能够按照相关要求启动、停止接入常规岛火灾自动报警系统的各联动设备。

b） 主控室宜配置直接手动控制装置，用于启动汽轮发电机润滑油管道、汽轮发电机轴承、励磁机、主变压器、厂用变压器和辅助变压器等重要设备的灭火系统。

c） 汽轮发电机润滑油管道、汽轮发电机轴承和励磁机区域应先确认火灾，再启动消防系统进行灭火。

7.2 火灾探测和报警

7.2.1 报警区域的划分

报警区域应根据防火分区或楼层划分。一个报警区域宜由一个或同层相邻几个防火分区组成。

7.2.2 探测区域的划分

探测区域的划分应符合 GB 50116 中相关要求。

7.2.3 火灾报警控制器

汽轮发电机厂房应设置火灾报警控制器，其他附属电站配套设施（BOP）厂房应根据核电厂全厂火灾自动报警系统组网的要求设置火灾报警控制器，并应满足下列要求：

a） 核电厂常规岛火灾报警控制器应具有联动控制功能。

b） 核电厂常规岛火灾报警控制器应具有组网功能，并具有将报警信息送至图形显示装置的功能。

c） 火灾报警控制器应布置在便于操作维护和观察的位置。

d） 火灾报警控制器应避免电磁干扰的影响，应避免布置在配电室、变压器室、蓄电池室等场所。

7.2.4 探测回路

火灾报警信号线应采用环路形式，环路应有总线隔离功能。

每一回路所连接的火灾探测器、模块的地址编码数量应符合对应的火灾报警控制器的要求，并留有一定裕量。

7.2.5 火灾显示盘

火灾显示盘宜按照厂房的布局进行设置，火灾显示盘宜设置于建筑物入口或各楼层主要楼梯口的明显部位。

7.2.6 火灾探测器的选择

火灾探测器类型的选择应考虑下列因素：

a） 探测场所可燃物的燃烧特性及初期火灾形成的特点和发展特征，比如燃烧是否产生烟雾、是否有可见光等。

b） 探测场所的环境，如空间大小、房间高度、温度、湿度、电离辐射、腐蚀性气体、爆炸危险等。

综合以上两种因素选择火灾探测器类型，保证火灾探测的及时性与有效性。

7.2.7 常规岛常用探测器

常规岛常用探测器宜设置在下列部位：

a） 感烟探测器宜设置在下列场所：

1） 通风设备间；

2） 配电间；

3） 蓄电池间；

4） 电缆夹层；
5） 汽轮发电机运转层下各层；
6） 控制、电子设备间。

b） 感温探测器宜设置在下列场所：
1） 润滑油设备间；
2） 汽轮发电机组轴承。

c） 缆式线型感温探测器或线型光纤感温火灾探测器宜设置在下列场所：
1） 电缆桥架或电缆托盘；
2） 润滑油设备间；
3） 润滑油管道；
4） 凝结水泵；
5） 电动给水泵；
6） 主变压器；
7） 厂用变压器；
8） 辅助变压器；
9） 备用变压器。

d） 火焰探测器宜设置在下列场所：
1） 汽轮发电机组轴承；
2） 润滑油设备间；
3） 电液装置；
4） 氢密封油装置；
5） 主变压器；
6） 厂用变压器；
7） 辅助变压器；
8） 备用变压器；
9） 润滑油室。

e） 防爆火灾探测器宜设置在蓄电池室及其他有防爆要求的场所。

f） 氢气探测器宜设置在下列场所：
1） 可能积累氢气的场所；
2） 蓄电池室。

7.2.8 双重探测

对于重要的设备和需要设置联动灭火系统的场所，应选用两种同类型或不同类型的探测器组合探测方式。

7.2.9 探测器布置

核电厂常规岛的探测器布置可按表 1 进行。

表 1 核电厂常规岛探测器布置

序号	建（构）筑物和设备	可选的火灾探测器类型
A	汽轮发电机厂房	
1	控制设备间	（吸气式感烟+感温）/（感烟+感温）
2	电子设备间	（吸气式感烟+感温）/（感烟+感温）
3	计算机室	（吸气式感烟+感温）/（感烟+感温）

表 1（续）

序号	建（构）筑物和设备	可选的火灾探测器类型
4	润滑油设备间	（感温+火焰）/（感烟+火焰）
5	电液装置（抗燃油除外）	（感温+火焰）/（感烟+火焰）
6	氢密封油装置	（感温+火焰）/（感烟+火焰）
7	汽轮发电机组轴承	（感温+火焰）/（感烟+火焰）
8	运转层下各层	感烟/感温
9	给水泵油箱（抗燃油除外）	（感烟+火焰）/（感温+火焰）
10	配电间	感烟+感温
11	电缆夹层	（吸气式感烟+感温）/（缆式线型感温+点型感烟）/（光纤感温+点型感烟）
12	电缆桥架	缆式线型感温/光纤感温
13	电缆竖井	感烟/缆式线型感温/光纤感温/接头温度监测
14	蓄电池间	防爆感烟+氢气探测
15	通风设备间	感烟
16	汽轮发电机厂房至电气厂房或网络继电器室电缆通道	缆式线型感温/光纤感温/感烟
17	主蒸汽管道与油管道（在蒸汽管道上方）交叉处	感温/感烟
B	变压器	
1	主变压器	（感温+火焰）/（感温+感温）
2	辅助变压器	（感温+火焰）/（感温+感温）
3	联络变压器	（感温+火焰）/（感温+感温）
4	高压厂用变压器	（感温+火焰）/（感温+感温）
C	其 他	
1	屋内主、辅开关站	感烟/火焰
2	空气压缩机房	感烟
3	油罐区	感温+火焰
4	化学加药间、制氯间	氢气探测
5	海水淡化厂房的控制室、配电间	感烟
6	供氢站	氢气探测
7	燃油辅助锅炉燃烧器	（感烟+火焰）/（感温+火焰）
8	非放射性高架仓库（戊类除外）	感烟
9	机电仪器仪表库	（吸气式感烟+感温）/（感烟+感温）
10	危险品库	感烟/可燃气体
11	非放射性检修厂房	感烟

表 1（续）

序号	建（构）筑物和设备	可选的火灾探测器类型
12	网络继电器室	（吸气式感烟+感温）/（感烟+感温）
13	电缆廊道	缆式线型感温/光纤感温
注：“/”表示或的关系。		

7.2.10　保护范围

火灾探测器的保护面积和保护半径应符合所采用产品的要求，同时还应符合 GB 50116 的相关规定。

7.2.11　备用探测设置

对在电厂正常运行时不便维修的区域，除满足正常的探测功能要求外，宜考虑设置备用探测器。

7.2.12　探测器的布置

探测区域内的每个房间至少应设置一个探测器。

探测器的设置数量和安装场所、位置应符合 GB 50116 的相关规定，同时还应符合所使用产品的要求。

7.2.13　火灾辅助监视

汽轮发电机厂房运转平台、主变压器、厂用变压器、辅助变压器等重要场所和设施应设置闭路电视监控系统，并在主控室的闭路电视显示器上显示图像，作为火灾的辅助监视手段。

7.2.14　手动报警按钮

手动报警按钮宜设置在厂房各主要出入口等明显和便于操作的部位，并应符合 GB 50116 的规定。

7.3　火灾警报装置和火灾应急广播

7.3.1　火灾警报装置

7.3.1.1　核电厂常规岛火灾自动报警系统应设置火灾警报装置，并在确认火灾后启动火灾警报装置。

7.3.1.2　火灾警报装置应由火灾报警控制器或消防联动控制装置启动。

7.3.1.3　每个防火分区至少应设一个火灾警报装置。在环境噪声大于 60dB 的场所，声压级应高于背景噪声 15dB。

7.3.1.4　火灾警报装置设置在墙上时，其底边距地面高度不宜小于 2.2m。

7.3.1.5　火灾警报装置通常采用声光报警器、警铃等，应符合 GB 50116 的相关要求。

7.3.2　火灾应急广播

常规岛应设置火灾应急广播，火灾应急广播宜利用有线广播系统实现。

7.4　消防联动控制

7.4.1　一般规定

消防控制设备应由下列部分或全部控制装置组成：

a）　火灾报警控制器。

b）　自动灭火系统的控制装置。

c）　防烟、排烟系统及空调通风系统的控制装置。

d）　常开防火门、防火卷帘的控制装置。

e）　电梯回降控制装置。

f）　火灾警报装置的控制装置。

7.4.2　消防控制设备的功能

7.4.2.1　消防控制设备的功能应符合 GB 16806 的相关规定。

7.4.2.2　火灾集中监控点的控制设备应有下列控制及显示功能：

a）　启动相关消防设备，并反馈其状态信号。

b） 防烟和排烟风机的启、停，除自动控制外，还应能手动直接控制。

c） 显示火灾报警、故障报警部位。

d） 显示保护对象的重点部位、疏散通道及消防设备所在位置的平面图或模拟图等。

e） 显示系统供电电源的工作状态。

f） 消防通信设备应符合本标准有关消防通信系统的规定。

g） 火灾集中监控点在确认火灾后，应根据各厂房和工艺系统的实际情况由运行人员确定切除相关非消防电源，并能接通火灾警报装置；对于安全有影响的系统设备电源不应切除。

h） 火灾集中监控点在确认火灾后，应能控制电梯全部停于首层，并接收其反馈信号。

7.4.2.3 消防控制设备对自动喷水和水喷雾灭火、管网气体灭火、泡沫灭火、干粉灭火等系统及常开防火门、防火卷帘和防烟、排烟设施等的控制和显示功能应符合 GB 50116 的相关规定。

7.5 消防通信

7.5.1 消防通信的功能

消防通信应具有下列功能：

a） 火灾发生时通过人工报警。

b） 建立火灾集中监控点与发生火灾厂房之间人员的语音沟通，以便协调、指挥。

c） 能够及时请求消防队、医疗急救和保卫等组织的支援。

7.5.2 消防通信手段

7.5.2.1 消防专用电话网络应为独立的消防通信系统，电话选型应与核岛一致。

7.5.2.2 在配电间、通风机房和灭火控制系统等操作装置处，宜设置消防专用电话分机，在设有手动报警按钮的位置宜设置消防电话插孔。

7.5.2.3 消防通信还可借助核电厂的普通电话、声力电话、内部对讲电话、有线广播、无线通信系统等手段，参见附录 A。

7.6 系统电源和防雷接地

7.6.1 系统电源

7.6.1.1 常规岛火灾自动报警系统应设有主电源和直流备用电源。

7.6.1.2 火灾自动报警系统的主电源应采用 220V 交流电源，并且应保证在机组运行、维护和检修期间火灾自动报警系统能够可靠供电。

7.6.1.3 火灾自动报警系统的直流备用电源宜采用专用蓄电池或集中设置的蓄电池。当直流备用电源采用集中设置的蓄电池时，火灾自动报警系统应采用单独的回路供电。备用电源处于最大负载状态下应保证不影响火灾自动报警系统的正常工作。

7.6.1.4 火灾自动报警系统中的显示器、消防通信设备等的电源，宜由不间断电源装置供电。

7.6.1.5 火灾自动报警系统主电源的保护开关不应采用漏电保护开关。

7.6.2 防雷接地

7.6.2.1 火灾自动报警系统应具有防雷和过电压保护措施，并应符合 GB 50057 和 GB 50343 的相关要求。

7.6.2.2 核电厂常规岛火灾自动报警系统接地装置的接地电阻值应符合下列要求：

a） 采用专用接地装置时，接地电阻值不应大于 4Ω。

b） 采用共用接地装置时，接地电阻值不应大于 1Ω。

7.6.2.3 火灾集中监控点应设专用接地干线，并应设置专用接地板。专用接地干线应从专用接地板引至接地体。

7.6.2.4 专用接地干线应采用铜芯绝缘导线，其线芯截面面积不应小于 25mm^2。专用接地干线宜穿硬质塑料管埋设至接地体。

7.6.2.5 由专用接地板引至各消防电子设备的专用接地线应选用铜芯绝缘导线，其线芯截面面积不应小于 4mm^2。

7.6.2.6 消防电子设备凡采用交流供电时，设备金属外壳和金属支架等应作保护接地，接地线应与电气保护接地干线（PE 线）相连接。

7.6.3 电磁兼容

组成火灾自动报警系统的各类组件的抗电磁干扰性能应符合 GB 22134 的要求。

7.7 电缆要求

电缆应符合下列要求：

a） 火灾报警设备的外接电缆或导线应采用低烟、无卤阻燃型或低烟、无卤阻燃耐火型。

b） 电缆和导线的敷设应符合 GB 50116 的相关规定。

c） 对于跨厂房、跨区域经廊道敷设的电缆，应采用有防火保护措施的金属管或封闭式金属线槽敷设。

7.8 性能化设计

对于性质重要、有特殊要求或难以套用现行规范进行火灾报警设计的场所可采用性能化设计，性能化设计的具体方式和步骤参见附录 B。

8 安装要求

8.1 设备安装要求

8.1.1 设备安装前应制定安装质量计划，安装质量计划经批准发布后方可进场安装。对安装质量计划的实质性修改应报建设单位批准。

8.1.2 设备安装前应组织检查安装准备工作是否已满足安装要求，包括文件准备、工具准备、材料准备、人力准备和环境准备等。

8.1.3 安装过程中应及时发现和处理不符合项。

8.1.4 安装过程中产生的现场变更文件，应经过符合授权的校、审、批流程。

8.1.5 安装结束后，应编写、提交安装竣工状态报告。安装竣工状态报告应明确下列内容：

a） 所有设备已按照施工图纸、安装程序和相关安装技术规范正确无误地安装完毕。

b） 所有安装结束，试验已经完成，并符合相关安装技术规范要求。

c） 系统的状态已全部和正确地做了文件记录（包括所有的竣工文件、不符合项报告、各种设备的法定检查和试验均已完成，相关的报告也已生效）。

d） 调试需要的临时设施已按要求安装完成。

e） 在人员和设备安全有保障的条件下可以进行调试活动。

8.1.6 火灾自动报警系统设备的具体安装要求应符合 GB 50166 的相关规定。

8.2 电缆敷设

8.2.1 技术要求

8.2.1.1 环境温度低于–10℃时不应进行电缆敷设。环境温度为–10℃～–5℃时，电缆盘应放置在温度为 20℃左右的房间内，至少预热 24h。仅在电缆敷设工作开始之前才能将电缆盘运到电缆敷设现场。

8.2.1.2 电缆应整齐地敷设在电缆桥架内，在所有的关键点（包括垂直桥架）处，应将电缆固定在电缆桥架中。

8.2.1.3 应避免损害电缆护套，如电缆敷设时受损，应及时修理，并开展如下绝缘试验：用 500V 直流绝缘电阻表测量绝缘电阻，结果不应小于 20MΩ。

8.2.2 电缆敷设前检查

应对电缆敷设有关文件进行检查，如是否具备所需的所有文件，并按电缆路径表对照现场，查看是否能走通，或是否违反电缆敷设原则。

电缆敷设通过的场地条件应满足下列要求：

a） 电缆敷设要通过的整个电缆通道的条件合格，即沿电缆路径所需要的电缆桥架等都已完成，且电缆可能受损害的地方有保护设施。

b） 沿电缆路径所要通过的电缆桥架、标识都已完成，且已通过检查，正确无误。

c） 电缆桥架接地导线沿整个通道已完成安装。

d） 挡火墙格栅已就位。

e） 电气孔洞尺寸正确。

f） 位于建筑物外面的电缆槽、隧道、电缆沟和电缆管已完成保洁。

g） 电缆表上给出的电缆两端的设备已安装或将要安装。

h） 寒冷气候情况下具有电缆敷设之前用于预热的加热设备。

i） 为电缆敷设作业估计需要的设备，如临时照明、脚手架等已准备。

j） 具有所有电缆敷设需要的技术数据。

k） 电缆路径表是最新版次。

l） 已经具备适当的照明，如没有，临时照明应准备。

m） 电缆敷设优先次序与总体安装进度相协调。

n） 检验工具为良好状态。

8.2.3 电缆标识

8.2.3.1 电缆应在合适位置进行标记，场地应足够大、清洁，并应提供防止电缆损害的适当保护。

8.2.3.2 不应滚动电缆，电缆弯曲时应大于最小弯曲半径，注意不应扭转电缆。

8.2.3.3 围绕电缆应以 5m 间隔漆一个 5cm～10cm 的色带。刷漆时应采取预防措施保护地板。

8.2.3.4 同一工程中的导线，应根据不同用途选择不同颜色加以区分，相同用途的导线颜色应一致。

8.2.4 敷设操作

8.2.4.1 电缆两端应放上临时标志。

8.2.4.2 敷设过程中，在电缆上应保持恒定拉力，并考虑最小弯曲半径要求。

8.2.4.3 在电缆截面较大、电缆较长，且电缆通道为直线时，宜使用绞盘来拉电缆。

8.2.4.4 在要保持所需弯曲半径和垂直通道中，应将电缆临时固定。

8.2.4.5 在电缆末端应有预留长度的电缆，预留长度应合理。

8.2.4.6 在电缆桥架内敷设的电缆应消除不必要的松弛。

8.2.4.7 在垂直通道上，在桥架的电缆引出处，在厂房的伸缩接缝处以及其他必要的地方，应永久地固定电缆。

8.2.4.8 在电缆进行端接之前，应把预留长度的电缆弯成圈，以免电缆损伤。

8.2.4.9 在潮湿场所，应将电缆头末端进行封包。

8.2.4.10 电缆管线敷设时，对于管与管之间、管与设备之间的断开处，应采用软管进行连接，对电缆进行保护，软管表面应做防火处理。

8.2.4.11 对于端接的设备存在自带线时，应首先考虑去除设备自带线，将电缆接入设备内，外部用金属软管保护对接。若设备端不具备连接条件，应将设备端的金属软管端口紧对设备进线口，金属管外部做防火处理。

8.2.4.12 对于端接的设备存在自带线无法去除、外部电缆无法直接接入设备内时，应采用增加转接盒（箱）或使用对接的合适线鼻子对接，通过转接盒或对接线鼻子进行过渡连接，但自带线外部应加金属软管保护，并在金属软管表面做防火处理。

8.2.4.13 火灾自动报警系统电缆敷设应满足 GB 50166 的相关要求。

9 调试和验收要求

9.1 调试

9.1.1 一般规定

火灾自动报警系统的调试应满足 GB 50166 中的相关要求。

9.1.2 调试准备

调试准备应包括下列内容：

a） 火灾自动报警系统调试应在系统安装结束后进行。

b） 应检查火灾自动报警系统线路，并对联动设备进行隔离。

c） 调试程序已生效，空白试验报告已编制。

9.1.3 试验步骤

9.1.3.1 检查火灾报警控制器、火灾显示盘等外观，柜门和箱体接地应完好。

9.1.3.2 为了确保试验能够顺利进行，应检查并正确完成下列操作：

a） 检查确定安装技术要求和安装图是正确的。

b） 合上 220V 交流电，连上 24V 直流备用电源。

c） 火灾报警控制器通过自检。

d） 火灾报警控制器电源指示灯常亮，系统正常。

e） 测试火灾报警控制器功能键，确保功能键有效。

9.1.3.3 在运行工况下应检查下列火灾报警控制器的报警情况：

a） 当 220V 交流电源出现故障时，火灾报警控制器应指示故障状态，并能自动切换到备用直流电源供电；故障排除后，系统恢复正常。

b） 当 24V 备用直流电源出现故障时，火灾报警控制器应指示故障状态；故障排除后，系统恢复正常。

c） 用以下任何一种方式模拟一个火警信号，火灾报警控制器应指示火警状态，显示屏应显示报警点信息，蜂鸣器鸣响。按“消音”键后蜂鸣器消音，火警消除后按“复位”键，火灾报警控制器指示恢复正常：

1） 用烟感测试器模拟感烟探测器报警；

2） 用热风枪模拟感温探测器报警；

3） 用试验钥匙插入手动报警按钮测试孔，模拟手动报警。

d） 用下列任何一种方式模拟一个故障信号，火灾报警控制器应指示故障状态，显示屏显示故障点信息，蜂鸣器鸣响。按“消音”键后蜂鸣器消音，故障排除后按“复位”键，控制器指示恢复正常：

1） 拆掉回路线一个接线端子。

2） 回路线对地短路。

3） 拆除一个设备点。

9.1.3.4 可燃气体探测试验，首先应确保可燃气体报警控制柜外观应完好，柜门和箱体接地应良好，柜内设备的装备与连接应与图纸一致。然后按下列步骤进行试验：

a） 连接可燃气体报警控制柜的主电源和备用直流电源。

b） 闭合相应的电源开关，可燃气体报警控制柜电源指示灯亮，应确认功能键的有效性。

c） 检查可燃气体报警控制柜在电源故障时的运行状况。

1） 220V 交流主电源故障：切断主电源断路器，可燃气体报警控制柜应能自动切换到备用直流电源供电；重新闭合主电源断路器，可燃气体报警控制柜返回正常状态。

2） 备用直流电源故障：断开备用直流电源，可燃气体报警控制柜指示故障状态；接通备用直流电源，可燃气体报警控制柜返回正常状态。

d） 设定测量气体类型、单位与量程。

e） 设定报警阈值。

f） 设定零点。

g） 设定灵敏度。

h） 应对每个可燃气体探测器进行功能测试。

9.1.4 恢复现场

9.1.4.1 应恢复所有拆除或临时增加的线路、电阻和设备等。

9.1.4.2 应断开 220V 交流主电源和 24V 直流电源。

9.2 验收

9.2.1 一般规定

核电厂常规岛火灾自动报警系统竣工后，建设单位应负责组织设计、施工、运营等单位进行初步验收。

初步验收合格后，应与核电厂消防系统统一报主管部门正式验收。

在安装调试阶段，应分下列三个步骤进行移交：

a） 安装向调试移交。

b） 调试向维修移交。

c） 调试向运行移交。

9.2.2 安装向调试移交阶段验收

9.2.2.1 本阶段火灾自动报警系统工程验收时应按 GB 50166 的要求填写相应的记录。

9.2.2.2 应对系统中下列装置的安装位置、施工质量和功能等进行验收：

a） 火灾报警装置（包括各种火灾探测器、可燃气体探测器、手动火灾报警按钮、火灾报警控制器、火灾显示盘等）。

b） 消防联动控制系统（含火灾报警控制器、可燃气体报警控制器、消防设备应急电源、消防应急广播设备、消防电话、传输设备、图形显示装置、模块、消防电动装置等设备）。

c） 自动灭火系统控制装置（水灭火系统、气体灭火系统）。

d） 通风空调、防排烟及电动防火阀等控制装置。

e） 火灾警报装置（声光报警器、警铃）。

f） 切断部分非消防电源的控制装置，如空调电源等。

g） 电动阀控制装置。

h） 消防联网通信。

i） 系统内的其他消防控制装置。

9.2.2.3 应按 GB 50116 的各项系统功能进行验收。

9.2.2.4 系统中各装置的安装位置、施工质量和功能等的验收应满足 GB 50166 中的相关要求。

9.2.2.5 验收前的准备应满足 GB 50166 中的相关要求。

9.2.2.6 具体验收应满足 GB 50166 中的相关要求。

9.2.3 调试向运营移交阶段验收

在核电厂常规岛厂房火灾自动报警系统已安装、调试完毕的前提下，相关运行人员应按附录 C 填写相应记录。

10 运行和维护要求

10.1 正常工况要求

10.1.1 火警响应

10.1.1.1 火警集中监控点的值班人员应了解核电厂消防的基本情况，熟悉核电厂的火警响应流程，经过培训且考核合格后方能进入工作岗位。

10.1.1.2 对于任何火灾报警信号，监控人员都应作为真实的火灾报警进行处理，不得在现场确认前进行复位操作。

10.1.1.3 火灾发生时，除消防专用电话外，其他可用的通信手段均可用于消防通信。

10.1.1.4 主控室及核电厂内其他火灾集中监控点应能与核电厂专职消防队及外部消防力量及时报警和通信。

10.1.1.5 火灾发生时，火灾自动报警系统应能及时报警，指示火灾发生的位置，为操作人员或值班人员及时响应提供便利。系统应记录火灾报警的时间、报警地点和相关的联动操作。

10.1.1.6 火灾发生时，核电厂常规岛的火灾自动报警系统应能够通过自动或手动方式进行火警响应处理。自动方式按照事先设定的程序进行，手动方式通过人工处理。在手动方式下，运行人员应根据火灾的实际情况和火势的发展，做出准确判断，从而进行相关的联动控制操作。

10.1.1.7 对于未与火灾自动报警系统联动的系统和设备，比如工艺系统、某些通风设备和某些供配电设备，运行人员同样应根据火情和实际需求进行恰当的操作处理。

10.1.1.8 火灾发生时，相关的人员应按照消防行动卡的要求采取行动。当火灾导致机组工况发生变化时，或需要改变机组运行工况时，运行人员应执行相关的运行程序和事故程序。

10.1.1.9 火灾发生时，火灾应急广播应能指挥人群疏散，通知相关的人员进行干预活动，指挥消防灭火。

10.1.2 **检查**

10.1.2.1 核电厂常规岛火灾自动报警系统应开展定期检查和不定期的专项检查。

10.1.2.2 定期检查宜每月进行一次，应进行下列检查：

a） 火灾报警控制器：显示器应指示正常、无异常报警，各模块巡检指示灯应正常闪烁。
b） 火灾显示盘：应指示正常、无异常报警。
c） 可燃气体控制器：显示器应指示正常、无异常报警，备用电池各指示灯应无异常情况。
d） 感温电缆：外观应完好，无破损，控制器指示灯应无异常指示，终端盒应无破损，无进水、连接异常现象。
e） 直流消防电源：电压表应无破损，指示正常。

10.1.2.3 当遇到下列情况，应对火灾自动报警系统开展不定期的专项检查：

a） 针对相同或相似火灾自动报警设备的内外部重大经验反馈。
b） 对火灾自动报警系统实施大型改造或更新。
c） 其他现场运行环境或可燃物状况与原设计比较有较大变化。

不定期的专项检查主要针对以下内容：

a） 检查相同或相似火灾自动报警设备在现场的运行状态，以判别经验反馈所述故障是否可能再次发生。
b） 检查大型改造或更新实施后，火灾自动报警系统能否满足现场要求。
c） 检查现场环境、条件改变后，原设计能否继续适用。

10.1.2.4 对于检查过程中发现的问题或缺陷，应及时评估并进行处理。

10.1.3 **定期试验**

10.1.3.1 定期试验用于检查常规岛火灾自动报警系统功能的完整性。

10.1.3.2 核电厂应按厂家资料定期对核电厂常规岛火灾自动报警系统进行试验，并制订或编写相应的大纲和程序，以确保定期试验的按期开展。

10.1.3.3 定期试验至少应包括下列对象与内容：

a） 火灾探测器：试验报警功能。
b） 手动报警按钮：试验报警功能。
c） 火灾警报装置：试验警报功能。
d） 火灾报警控制器：试验火警报警、故障报警、火警优先、自检、消音、显示等功能，对于具有联动功能的控制器还应试验手动、自动联动控制功能。
e） 可燃气体报警控制器：检查可燃气体报警控制器的报警功能及报警点设置，确认功能是否正常、报警点是否处于设定的探测范围内。

f） 消防电源：检查消防电源模块及备用电池外观，试验主备电源切换、备用电源充放电等功能，并应测量电源电压。

g） 消防电话：测试消防电话主机与电话分机之间的通话质量，电话主机的录音、拨打消防电话等功能。

10.1.3.4 定期试验应按照 GB 25201 和 GA 503 的相关要求进行，试验的专用工具应与试验对象设备兼容。

对于国外进口的或特殊的设备，宜采用设备生产厂家提供的专用工具进行试验。

10.1.3.5 对定期试验应如实填写常规岛火灾自动报警系统定期试验记录表。表格格式可参考附录 D。

10.1.3.6 在定期试验中，对于出现的不合格的设备应及时修复或更换。

10.2 故障的维护要求

10.2.1 防火分区内火灾自动报警系统故障的维护应满足下列要求：

a） 当全部火灾探测装置不可用时，应长期监视或每小时巡视一次。

b） 当一个火灾探测装置不可用时，检修应在一个月内完成。

c） 当两个火灾探测装置不可用时，检修应在 14 天内完成。

d） 当三个或多于三个火灾探测装置不可用时，检修应在 7 天内完成。

10.2.2 火灾自动报警系统累积三个事件时的维护应满足下列要求：

a） 三个不可用均为部分不可用，应在 7 天内消除事件累积。

b） 在其他情况下，应在 24h 内消除事件累积。

c） 对于每个事件，均应执行所要求采取的措施。

10.3 改造更新

10.3.1 在核电厂全寿命期内，火灾自动报警系统应长期、稳定、可靠地运行。

10.3.2 当出现下列情况之一时，宜对火灾自动报警系统实施改造更新：

a） 备件枯竭或数量不能满足正常维修要求，且设备生产厂家已停产。

b） 现场运行环境、可燃物状态超出原设计许可的范畴。

c） 火灾自动报警系统中关键设备老化，故障率较高或重发故障频繁。

d） 其他无法修复或经检测证明无法满足运行要求的情况。

e） 作为定期安全审查的改进项或国家安全监管部门提出改进要求等情况。

10.3.3 对火灾自动报警系统实施改造更新应满足下列要求：

a） 应满足国家消防法律、法规和强制性规范的要求。

b） 对单个设备进行改造更新时，应满足兼容性要求，宜采用原设备生产厂家的升级设备。

c） 对火灾自动报警系统进行全面或大型的改造更新时，应充分考虑已发生变化的因素和系统可持续运行的要求，并对系统进行重新设计。

10.3.4 火灾自动报警系统实施全面或大型改造更新后，应按照本标准 9.2 的要求进行验收合格后，才可投入运行。

10.4 安装调试、运行维护阶段系统功能的完整性

安装调试、运行维护阶段系统应下列保证功能的完整性：

a） 火灾自动报警系统投运后应保持全天 24h 运行。

b） 在全厂火灾自动报警系统网络没有正常运行之前，应安排人员对各厂房进行巡检。

c） 维修过程应针对局部渐次进行，不应停用整个系统。

d） 维护、检修期间应保障火灾自动报警系统正常供电。

e） 对于改造更新，在新系统没有投入使用前不应停运原系统。

附 录 A
（资料性附录）
其 他 通 信 手 段

A.1 普通电话

普通电话为厂区内普通的固定电话，用来实现常规岛与公用电话网、核电厂其他厂房间的语音通信。普通电话是火灾通信的主要手段之一。

A.2 声力电话

声力电话是实现工作人员在电厂设备实验、调整或维修期间相互通信的一种手段，当普通电话不可用时，声力电话可作为一种辅助通信手段。

A.3 内部对讲电话

内部对讲电话用于实现现场人员和主控室（或远程停堆站）之间的直接语音通信。内部对讲设备可作为火灾通信的辅助手段。

A.4 有线广播系统

有线广播系统主要用于发布报警信号、呼叫现场人员或向现场人员传达信息，它是火灾通信的主要手段之一。

A.5 其他

此外，核电厂还配有无线通信系统、声警报系统等，可用作消防通信手段。

附 录 B
（资料性附录）
性 能 化 设 计

B.1 综述

性能化设计应包括方案设计、技术评估和方案改进与完善，宜在方案设计或初步设计阶段进行，由建设单位、设计单位、运行维护单位、消防技术咨询机构等共同参与实施，报主管部门批准。

B.2 设计步骤

性能化设计步骤如下：

a） 确立消防安全目标：包括性能化目标和性能化标准两个方面。
b） 分析建筑物结构及内部可燃物、人员等的特征以及参考火灾科学和材料科学等，确立性能化指标和设计的量化指标。
c） 建立火灾场景和设计火灾。
d） 选择合适计算分析方法，包括经典的计算公式、计算方法等，同时也包括进行火灾分析的物理模型和模拟模型。
e） 借助消防工程参考性设计方法或工程经验确定设计方案。
f） 进行安全评估。
g） 进行方案的优化选择，确定最终的设计方案并且编写性能化设计报告。

B.3 性能化设计报告的主要内容

性能化设计报告应至少包含下列内容：

a） 对工程项目的描述。
b） 工程参与人员的资格。
c） 消防安全目标。
d） 火灾风险分析结果。
e） 性能化的消防安全设计。
f） 火灾场景及假设。
g） 计算程序及所采用方法的有效性。
h） 设计的局限性及消防安全管理建议。
i） 参考文献。

附 录 C
（资料性附录）
核电厂常规岛火灾自动报警系统检查基准单

核电厂常规岛火灾自动报警系统检查基准单见表 C.1。

表 C.1 核电厂常规岛火灾自动报警系统检查基准单

序号	检 查 项 目	符合性	缺陷记录
A	火灾报警控制器		
1	火灾报警控制器设备标牌	□Y □N □NA	
2	火灾报警控制器安装在墙上时： a）底边距地面高度宜为 1.3m～1.5m； b）其靠近门轴的侧面距墙不应小于 0.5m； c）正面操作距离不应小于 1.2m	□Y □N □NA	
3	机柜后的检修距离不宜小于 1m	□Y □N □NA	
4	火灾报警控制器落地安装时其底边宜高出地坪 0.1m～0.2m	□Y □N □NA	
5	火灾自动报警系统主电源的保护开关不应采用漏电保护开关	□Y □N □NA	
6	火灾报警控制器电源严禁使用电源插头	□Y □N □NA	
B	探测器安装		
1	探测器至墙壁、梁边的水平距离，不应小于 0.5m	□Y □N □NA	
2	探测器周围 0.5m 内，不应有遮挡物	□Y □N □NA	
3	在宽度小于 3m 的内走道顶棚上设置探测器时，宜居中布置。感温探测器的安装间距不应超过 10m；感烟探测器的安装间距不应超过 15m；探测器至端墙的距离，不应大于探测器安装间距的一半	□Y □N □NA	
4	探测器至空调送风口的水平距离不应小于 1.5m，并宜接近回风口安装。探测器至多孔送风顶棚孔口的水平距离不应小于 0.5m	□Y □N □NA	
5	探测器宜水平安装。当倾斜安装时，倾斜角不应大于 45°	□Y □N □NA	
6	在电梯井、升降机井设置探测器时，其位置宜在井道上方的机房顶棚上	□Y □N □NA	
7	探测器的确认灯应面向便于人员观察的主要入口方向	□Y □N □NA	
8	红外光束感烟探测器的光束轴线至顶棚的垂直距离宜为 0.3m～1.0m，距地高度不宜超过 20m	□Y □N □NA	
9	相邻两组红外光束感烟探测器的水平距离不应大于 14m。探测器至侧墙水平距离不应大于 7m，且不应小于 0.5m。探测器的发射器和接收器之间的距离不宜超过 100m	□Y □N □NA	
10	敞开或封闭楼梯间、走道、坡道、管道井、电缆隧道、建筑物闷顶、夹层应安装感烟探测器	□Y □N □NA	
C	报警按钮安装		
1	每个防火分区应至少设置一个手动火灾报警按钮，手动火灾报警按钮宜设置在公共活动场所的出入口处	□Y □N □NA	

表 C.1（续）

序号	检 查 项 目	符合性	缺陷记录
2	从一个防火分区内的任何位置到最邻近的一个手动火灾报警按钮的距离不应大于 30m	□Y □N □NA	
3	手动火灾报警按钮应设置在明显的和便于操作部位。当安装在墙上时，其底边距地高度宜为 1.3m～1.5m，且应有明显的标志	□Y □N □NA	
D	其他		
1	火灾自动报警系统接地装置的接地电阻值应符合下列要求： a）采用专用接地装置时，接地电阻值不应大于 4Ω； b）采用共用接地装置时，接地电阻值不应大于 1Ω	□Y □N □NA	
2	火灾自动报警系统应设专用接地干线，并应在火灾集中监控点设置专用接地板。专用接地干线应从火灾集中监控点专用接地板引至接地体。由火灾集中监控点接地板引至各消防电子设备的专用接地线应选用铜芯绝缘导线，其线芯截面面积不应小于 $4mm^2$	□Y □N □NA	
3	穿线管子入盒时，盒外侧应套锁母，内侧应装护口，在吊顶内敷设时，盒的内外侧均应套锁母	□Y □N □NA	
4	检查调试记录	□Y □N □NA	
5	检查系统接地电阻	□Y □N □NA	
6	检查线路对地绝缘	□Y □N □NA	
E	在线检查		
1	探头报警正常	□Y □N □NA	
2	探头故障报警正常	□Y □N □NA	
3	探头报警部位号正确	□Y □N □NA	
4	系统联动正确	□Y □N □NA	
F	技术不同点实施的确认		
缺陷汇总			

注：请在符合性一栏中划“√”，Y 表示正常，N 表示不符合，NA 表示不适用。

检查地点： 系统： 检查人员： 检查时间： 年 月 日

附　录　D
（资料性附录）
核电厂常规岛火灾自动报警系统定期试验记录表

核电厂常规岛火灾自动报警系统定期试验记录表见表 D.1。

表 D.1　核电厂常规岛火灾自动报警系统定期试验记录表

检测项目		检测内容	实测记录	故障记录及处理		
				故障描述	当场处理情况	报修情况
火灾自动报警系统	火灾探测器	试验报警功能				
	手动报警按钮	试验报警功能				
	火灾警报装置	试验警报功能				
	火灾报警控制器	试验火警报警、故障报警、火警优先、自检、消音、显示等功能，手动、自动联动控制功能				
	可燃气体报警控制器	试验报警功能、检查报警点设置				
	消防电源	检查消防联动电源及备用电池外观，试验主备电源切换、备用电源充放电等功能，并测量电源电压				
消防专用电话		测试消防电话主机与电话分机之间的通话质量、电话主机的录音、拨打消防电话等功能				

参 考 文 献

［1］GB 50016—2006　建筑设计防火规范
［2］GB 50229—2006　火力发电厂与变电站设计防火规范
［3］HAD 102/11—1996　核电厂防火
［4］EJ/T 1082—2005　核电厂防火准则
［5］RCC-I 1997　压水堆核电站防火设计和建造规则

中 华 人 民 共 和 国
能 源 行 业 标 准
核电厂常规岛火灾自动报警系统
功 能 安 全 技 术 要 求
NB / T 25041 — 2014
*
中国电力出版社出版、发行
（北京市东城区北京站西街 19 号 100005 http://www.cepp.sgcc.com.cn）
北京九天众诚印刷有限公司印刷
*
2014 年 12 月第一版 2014 年 12 月北京第一次印刷
880 毫米×1230 毫米 16 开本 1.5 印张 41 千字
印数 0001—3000 册
*
统一书号 155123 · 2112 定价 **13.00** 元

155123.2112
上架建议：规程规范/
电力工程/新能源发电